Smital Patil
Amruta Bhandari

Pi Voice: Automatização doméstica com o controlo por voz do Raspberry Pi

Smital Patil
Amruta Bhandari

Pi Voice: Automatização doméstica com o controlo por voz do Raspberry Pi

ScienciaScripts

Imprint

Cover image: www.ingimage.com

This book is a translation from the original published under ISBN 978-620-6-77099-2.

Publisher:
Sciencia Scripts
is a trademark of
Dodo Books Indian Ocean Ltd. and OmniScriptum S.R.L publishing group

120 High Road, East Finchley, London, N2 9ED, United Kingdom
Str. Armeneasca 28/1, office 1, Chisinau MD-2012, Republic of Moldova, Europe
Printed at: see last page
ISBN: 978-620-7-72680-6

Resumo

A automatização doméstica comandada por voz é muito útil para adultos e pessoas com deficiência física, que não são capazes de realizar várias actividades de forma eficiente quando estão em casa e precisam da assistência de alguém para realizar essas tarefas. Com o reconhecimento de voz, evita-se a complicação da cablagem no caso da automatização com fios. Com a utilização do Bluetooth Home Automation, é possível poupar uma quantidade considerável de energia e é flexível e compatível com tecnologias futuras, pelo que pode ser facilmente personalizado de acordo com as necessidades individuais. O sistema de reconhecimento de voz permite um acesso seguro à casa. Nos últimos anos, os sistemas de domótica registaram rápidas mudanças devido à introdução de várias tecnologias sem fios. A indústria de automação residencial está a crescer rapidamente, isto é alimentado pela necessidade de fornecer sistemas de apoio que são feitos para facilitar as nossas vidas. Os sistemas de automatização devem ser implementados em ambientes domésticos existentes, sem quaisquer alterações nas infra-estruturas. A automatização baseia-se no reconhecimento de comandos de voz. A automação doméstica controlada por voz utilizando Raspberry Pi é proposta para facilitar a utilização e o controlo de dispositivos por pessoas idosas e deficientes. Este projeto fornece um sistema básico de automatização doméstica que pode ser facilmente implementado e utilizado de forma eficaz. O que reduz o esforço humano ao controlar os aparelhos a partir do local onde nos encontramos. Para este sistema, podemos utilizar o Bluetooth incorporado ou ligar um módulo Bluetooth externo (HC-05) para controlar o aparelho. O eletrodoméstico é ligado aos pinos GPIO da Raspberry Pi através do relé.

Conteúdo

Capítulo 1
Introdução

Chegámos à era da domótica. Dispomos de sistemas que permitem controlar os aparelhos domésticos através de smartphones e comandos. Aqui propomos uma automação doméstica automatizada que funciona com base no processamento da fala. O sistema facilita a tarefa de automação doméstica ouvindo o discurso do utilizador e mudando os aparelhos de acordo com os comandos falados pelo utilizador. Aqui usamos um microfone para gravar o discurso dos utilizadores e transferimos estes comandos para o Raspberry Pi através do nosso circuito. O processador Pi processa agora o discurso do utilizador para extrair palavras-chave relacionadas com a comutação de carga. Analisa a frase do utilizador para verificar se este disse um comando para comutar cargas no seu discurso. Se o sistema detetar um comando na frase de um utilizador, analisa a que carga se refere e que comando é emitido. Ao processar as palavras-chave ditas pelo utilizador, a placa acciona um circuito de relé para ligar/desligar as cargas. O circuito baseado em relés é utilizado para ligar/desligar facilmente as cargas de alimentação AC utilizando os comandos do utilizador. Atualmente, a Raspberry Pi desempenha um papel vital no controlo de todos os aparelhos.

Atualmente, as pessoas querem realizar tarefas da forma mais rápida, eficiente e simples possível, com o mínimo de esforço. Esta necessidade pode ser facilmente satisfeita através da conversão de casas normais em casas inteligentes, implementando um sistema de domótica. Casa inteligente não é um termo novo para a sociedade científica, já é utilizado há décadas. Com o avanço das tecnologias electrónicas, o domínio da domótica está a aumentar rapidamente. Foram propostos vários sistemas inteligentes em que o controlo é feito por Bluetooth, Internet, etc. A conceção de um sistema de controlo de aparelhos domésticos através do reconhecimento de voz utilizando o Raspberry pi, bem como a garantia de segurança, é uma opção atraente para os proprietários de casas.

A automatização tem um papel cada vez maior e muito importante no mundo industrial e económico, bem como na experiência quotidiana. No entanto, o custo e a facilidade de instalação e utilização continuam a ser obstáculos à sua adoção generalizada. O objetivo deste artigo é conceber um sistema de baixo custo, de código aberto e flexível, com uma variedade crescente de dispositivos a controlar. Os sistemas de domótica baseados no reconhecimento de voz para pessoas com paralisia e idosos podem tornar o sistema mais fácil de utilizar e operar. O sistema de automatização doméstica para pessoas idosas ou deficientes oferece-lhes uma melhor qualidade de vida. Neste sistema, utilizamos o Raspberry pi, que é um computador de alto desempenho e baixo custo. O Raspberry Pi tem várias gerações de sistemas informáticos com diferentes configurações. A última versão do Pi Raspberry Pi 3 tem Wi-Fi e Bluetooth integrados. Com base no Raspberry Pi, este projeto irá implementar vários periféricos comuns de segurança doméstica.

Nesta era moderna, a automação de tudo é a necessidade da casa A automação é a utilização de sistemas de controlo e tecnologias de informação para regular equipamentos, máquinas industriais e processos, minimizando a necessidade de envolvimento humano. A automatização desempenha um papel cada vez mais importante na economia global e na vida quotidiana. Os engenheiros trabalham para associar dispositivos automatizados a ferramentas matemáticas e organizacionais para criar sistemas complexos para parâmetros de aplicações e actividades humanas em rápida expansão. Para o desenvolvimento de cidades inteligentes, há necessidade de automatizar tudo, por isso o conceito de sistema de automação residencial inteligente é uma ideia que é usada para tornar a cidade inteligente. Uma casa inteligente é aquela que proporciona conforto, segurança e dá a sensação de lar aos membros da casa. As casas inteligentes também proporcionam eficiência energética (baixo custo operacional) e conveniência em todos os momentos, para cada indivíduo em casa. A domótica significa a monitorização e o controlo de objectos domésticos de forma inteligente para uma utilização eficaz. Os objectos domésticos devem ser interligados de forma inteligente, bem como fornecer informações para um melhor funcionamento.

A automatização doméstica é a utilização de máquinas, sistemas de controlo e tecnologias de informação para otimizar a produtividade na produção de bens e na prestação de serviços. A automatização desempenha um papel cada vez mais importante na economia mundial

A automação doméstica é o controlo dos aparelhos em casa através de controladores. Atualmente, o Raspberry Pi tem desempenhado um papel vital no controlo de todos os aparelhos. O Raspberry Pi é uma placa única de baixo custo, do tamanho de um cartão de crédito, desenvolvida no Reino Unido. Foi concebida e fabricada pela Raspberry Pi Foundation do Reino Unido com a intenção de estimular o ensino da informática básica em escolas, estudantes e qualquer outra pessoa interessada em hardware, programação e projectos DIY (Do-it Yourself). Funciona como um computador quando ligado a um monitor ou a um televisor e utiliza um teclado e um rato normais. Está pronto para consumo público desde 2012, com a ideia de criar um microcomputador educativo de baixo custo para estudantes e crianças.

O principal objetivo da conceção da placa Raspberry Pi é incentivar a aprendizagem, a experimentação e a inovação entre os alunos do ensino básico e secundário. A placa Raspberry Pi é portátil e de baixo custo. A domótica é a automatização da casa, das actividades domésticas ou das tarefas domésticas. Com as tecnologias Internet e Wi-Fi, pode incluir o controlo centralizado da luz, do aquecimento, do ar condicionado, da ventilação, das fechaduras de segurança e de aparelhos domésticos como ventoinhas, motores, televisores, etc., através de comandos de voz. Este sistema centra-se principalmente no fornecimento de um sistema de automatização doméstica pouco escalável e eficiente, juntamente com um mecanismo seguro de desbloqueio de portas. A atual tendência da tecnologia é a IoT em casa.

Ao ligar o Raspberry pi à Internet e aos relés, os electrodomésticos podem ser controlados por comandos de voz. E ligando o Raspberry pi à Internet e ao sensor PIR, é possível obter um mecanismo de desbloqueio seguro da porta. Assim, com o Raspberry pi e a Internet, é possível realizar uma automatização doméstica inteligente baseada na voz. Considera-se que uma casa é inteligente quando está totalmente equipada com tecnologias inteligentes, como iluminação, aquecimento, multimédia, segurança, operações de janelas e portas, bem como muitas outras funções. A automatização desempenha um papel cada vez mais importante na economia global e na vida quotidiana. Para o desenvolvimento de cidades inteligentes, é necessário automatizar tudo, pelo que o conceito de sistema de automatização de casas inteligentes é uma ideia que é utilizada para tornar a cidade inteligente. As pessoas que trabalham estão tão ocupadas que muitas vezes se esquecem de desligar os aparelhos eléctricos quando saem de casa para trabalhar. Esses aparelhos consomem eletricidade durante todo o dia, o que leva ao desperdício de uma enorme quantidade de eletricidade. Assim, para ultrapassar este problema, foi introduzido o conceito de Sistema de Automatização Doméstica Inteligente.

Capítulo 2
Identificação do problema e objectivos

O êxito de qualquer projeto depende da razão última para a qual foi proposto. Deve haver um certo número de objectivos que possam resultar no processo de motivação da conceção do projeto. Os objectivos são um certo número de requisitos que apoiam o projeto. E objectivos firmes dão sempre apoio aos objectivos e abrem as portas do futuro para uma melhor inovação da ideia proposta. A aplicação baseada no Android para controlar as utilidades domésticas tem certamente um efeito incrível na sociedade, onde também pode causar a eliminação da discriminação em relação aos objectos da vida quotidiana, quando todas as pessoas tiverem a mesma facilidade de gerir as utilidades.

O principal objetivo deste projeto é fornecer uma plataforma que nunca existiu antes. O software de aplicação funcionará juntamente com os serviços de reconhecimento de voz do Google, onde receberá o comando de voz e será convertido em formato de texto para que possa ser compreendido de uma forma lógica e esse comando será transferido para o dispositivo Arduino Uno via Bluetooth ou Wi-Fi, e nesse ponto o comando será executado para completar a tarefa, em última análise, a ação será executada da forma como o dispositivo está pré-programado. Este projeto foi concebido para utilizar a tecnologia de reconhecimento de voz para controlar os serviços domésticos, ou seja, a luz e a ventoinha.

Capítulo 3
Pesquisa bibliográfica

A revisão da literatura é uma das principais exigências de qualquer projeto, que permite conhecer o contexto lógico do trabalho realizado. Por outras palavras, é a reflexão do trabalho e da metodologia que foi adoptada anteriormente e quais são as diferentes falhas e desvantagens que requerem melhorias numa base concetual. Também se concentra em todas as tecnologias disponíveis relacionadas que foram utilizadas para o sistema de automação doméstica. análise aprofundada e uma conclusão lógica com a solução de julgamento são parte integrante da revisão da literatura.

Revisão da literatura No sistema existente, os estudos sobre o sistema de automatização doméstica centram-se na resolução dos problemas ou no consumo de energia, na gama de funcionamento e no custo de todo o sistema. Para automatizar os aparelhos, são utilizados vários métodos, como SMS e correio eletrónico. O trabalho aqui apresentado centra-se no acesso rápido e fácil a um sistema de automatização doméstica inteligente sem fios para reduzir o trabalho manual e o acesso de todos a este sistema. O trabalho sobre o sistema de automatização doméstica foi proposto através de dispositivos móveis com Siri, mas a aplicação Siri é instalada no dispositivo iOS e só depois fica acessível aos utilizadores. Utilizaram o Apples Siri para o módulo de reconhecimento de voz eficiente que é utilizado para traduzir comandos de voz e enviá-los para o atuador do sistema através de redes Zigbee. A limitação do trabalho é que não há utilização de sensores que mostrem o estado atual dos aparelhos e, para cada aparelho, é necessário um módulo, o que torna o sistema pouco económico e limitado.

A proposta de trabalho neste domínio consiste em utilizar a tecnologia Bluetooth para o sistema de automatização doméstica utilizando uma placa arduino, bem como o sistema sem fios. Através de uma ligação Blue- tooth, um telemóvel ou dispositivo móvel é utilizado para enviar comandos para a antena Bluetooth da placa arduino, mas a desvantagem é que só é aplicável a curtas distâncias. Nesta secção, fazemos um breve levantamento dos trabalhos existentes sobre sistemas de redes domésticas inteligentes e, com base nas suas principais contribuições, tentamos classificá-los em três tipos: Orientados para o apoio à decisão, orientados para a prestação de serviços e orientados para a implementação real. Em primeiro lugar, alguns trabalhos têm-se centrado na forma de tomar decisões mais eficientes para as redes domésticas. Por exemplo, o projeto de controlo doméstico inteligente centrou-se na conceção de sistemas de controlo doméstico que fornecem.

Tabela -1: Resumo da pesquisa bibliográfica

.№	Título	Tecnologia utilizada	Resultado
[1]	Conceção de um sistema inteligente de automação doméstica controlado por voz.	Microcontrolador Arduino Uno. Módulo Bluetooth HC-O5.	Automatização através de comando de voz via arduino.
[2]	Sistema de automação residencial usando aplicativo Android.	ATmega328 P. Vários sensores como LM35. MQ5. DHT11.	Ajuda na automatização, como a deteção de humidade, temperatura e fugas de gás GPL.
[3]	Automatização doméstica controlada por voz	Raspberry Pi. Câmara Web. Microfone.	Efectua a domótica por reconhecimento de voz, a entrada é dada pelo microfone.
[4]	Automação doméstica baseada em Android usando Raspberry Pi.	Raspberry Pi. Zigbee. GSM. PIC.	O protocolo de comunicação é Zigbee e GSM para o Raspberry Pi.
[5]	Sistema de automação residencial baseado em reconhecimento de voz para pessoas com paralisia.	Arduino. Módulo de reconhecimento de voz V3. Microfone	É utilizado por pessoas com paralisia para controlar a cama e as campainhas.

Casa inteligente não é um termo novo para a sociedade científica, é utilizado há décadas. À medida que os avanços electrónicos crescem, o campo da automatização doméstica estende-se rapidamente. Foram propostas diferentes estruturas existentes em que o controlo é feito através de Bluetooth, da Web e assim por diante. As capacidades do Bluetooth são grandes e a grande maioria das actuais estações de trabalho/desktops portáteis, tablets, blocos de notas e PDAs trabalharam em conetor para diminuir o custo da estrutura. É apresentada uma estrutura de automatização doméstica baseada em Wi-Fi. Utiliza um servidor Web baseado num PC (com placa Wi-Fi integrada) que lida com os aparelhos domésticos associados. A estrutura suporta uma grande variedade de equipamentos de domótica, como ventoinhas, luzes e outras máquinas domésticas. Estes aparelhos serão controlados através de um telemóvel com o sistema operativo Android. Esta abordagem oferece um método simples de trabalhar e financeiramente inteligente que permitirá aos clientes interagir remotamente com as máquinas domésticas.

O artigo [1] tem como objetivo monitorizar e controlar electrodomésticos utilizando a IoT e a assistência por voz da Google. Para o funcionamento do sistema são utilizados o Raspberry PI e o Relay. O sistema permite o acesso, o controlo e a monitorização de electrodomésticos a partir de qualquer parte do mundo. Foi concebido para poupar energia e promover uma vida sustentável. O sistema proporciona uma melhor comunicação em comparação com casas automatizadas e normais. Os autores desenvolveram electrodomésticos (ventoinha, tubos eléctricos, frigorífico, máquina de lavar roupa) controlados utilizando a assistência por voz do Google e o Raspberry Pi. A casa inteligente é conseguida utilizando as tecnologias da Internet das coisas. O sistema é mais seguro e mais amigo do ser humano.

Os autores em [2] utilizaram uma variedade de ferramentas e técnicas para o projeto Ferramentas baseadas em hardware e software. A automação doméstica está a ganhar popularidade devido aos seus múltiplos benefícios. A domótica poupa tempo ao automatizar as tarefas diárias. Os utilizadores podem controlar e monitorizar remotamente os aparelhos domésticos. Os utilizadores podem garantir a segurança das suas propriedades quando estão fora. Os sistemas podem notificar os proprietários de eventos e podem ser alimentados por pilhas. Os utilizadores podem controlar à distância todas as luzes de uma divisão ou de toda a casa.

Os autores em [3] apresentam um método de fácil utilização para gerir electrodomésticos através de comandos em linguagem natural. Esta abordagem utiliza um smartphone com Android como interface de controlo e um módulo Wi-Fi para facilitar a comunicação entre o smartphone e os electrodomésticos. Além disso, são utilizados algoritmos de aprendizagem automática para interpretar o discurso do utilizador e identificar a língua que está a ser falada. O sistema aceita várias línguas, incluindo inglês, francês, espanhol, chinês, tâmil, malaiala, kannada, telugu, hindi, entre outras. Além disso, a ênfase é colocada na garantia da segurança e fiabilidade do sistema. Isto demonstra a eficácia do sistema no controlo de aparelhos domésticos através de comandos em linguagem natural em diferentes línguas.

Os autores em [4] pretendem agilizar e simplificar a vida quotidiana através do sistema de domótica que propõem. Aproveitando a familiaridade generalizada com os telemóveis devido à sua natureza compacta, este artigo apresenta o design abrangente do seu desenvolvimento denominado "Sistema de automação doméstica baseado em assistente de voz". Este sistema reconhece comandos de voz emitidos pelo utilizador através de um telemóvel Android e, subsequentemente, transfere os dados para um microcontrolador para executar tarefas em conformidade. O Raspberry Pi 3B+ é o preferido para a domótica devido às suas capacidades Wi-Fi e Bluetooth incorporadas. O projeto propõe controlar todos os aparelhos eléctricos através de comandos de voz e dar respostas adequadas às perguntas dos utilizadores.

Os autores [5] desenvolveram um sistema destinado a controlar por voz os electrodomésticos de uma casa e, ao mesmo tempo, garantir a segurança contra intrusões quando o dono da casa está ausente. Este trabalho centra-se principalmente no controlo automático por voz da iluminação e de outros aparelhos domésticos, com o objetivo de conservar a energia eléctrica e reduzir o esforço humano. O projeto utiliza o Raspberry Pi 3 e um circuito de controlo de relés para atingir os seus objectivos. Vários aparelhos estão ligados ao circuito de relé e a Alexa está ligada ao Raspberry Pi 3. Quando um comando de voz é reconhecido com sucesso, o Raspberry Pi 3 ativa os aparelhos correspondentes. A funcionalidade de reconhecimento de voz é implementada utilizando as API do Google.

Capítulo 4
Conceção do projeto

Os comandos de voz são dados através da aplicação de voz do microfone, que se liga ao dispositivo Bluetooth próximo e o envia para o Raspberry-pi, sendo executada a ação correspondente. Para ligar e desligar automaticamente os diferentes tipos de electrodomésticos, é detectado e enviado um sinal para a campainha. Podemos regar as plantas na horta doméstica de vez em quando, ligando o motor de água ao Raspberry Pi e dando o tempo de atraso ao Raspberry Pi, este liga/desliga automaticamente o motor, a lâmpada, a ventoinha, o que reduz o esforço humano.

4.1 Alimentação eléctrica

No sistema que utilizámos, a Raspberry pi 3 modelo B é alimentada por uma fonte micro USB de +5,1V e tem uma corrente entre 700-1000mA, dependendo dos periféricos ligados; o modelo A chega a ter 500mA sem periféricos ligados. A potência máxima que o Raspberry Pi pode utilizar é de 1 Amp. Se necessitar de ligar um dispositivo USB que consuma uma potência superior a 1 Amp, então deve ligá-lo a um hub USB alimentado externamente. Os requisitos de energia do Raspberry aumentam à medida que utiliza as várias interfaces do Raspberry Pi. Os pinos GPIO podem consumir 50 mA em segurança, distribuídos por todos os pinos; um pino GPIO individual só pode consumir 16 mA em segurança. A porta HDMI consome 50 mA, o módulo da câmara consome 250 mA e os teclados e ratos podem consumir 100 mA ou mais de 1000 mA! Verifique a potência nominal dos dispositivos que planeia ligar ao Pi e compre uma fonte de alimentação em conformidade.

4.2 Condutor do relé

Fonte de alimentação para Relé de 4 Canais Esta é uma placa de interface de Relé de 4 Canais de 5V com Raspberry Pi 3 e a corrente entre 15-20 MA. os Relés estão Ligados com carga. Um led indica os relés que ON/OFF. Os relés são os interruptores que visam fechar e abrir os circuitos eletronicamente e eletromecanicamente. Controlam a abertura e o fecho dos contactos de um circuito eletrónico. Quando o contacto do relé está aberto (NO), o relé não é energizado com o contacto aberto.

Figura 4.1: Condutor de relé

4.3 Ecrã LCD

Figura 4.2: Ecrã LCD

Um ecrã de cristais líquidos (LCD) é um ecrã visual eletrónico fino e plano que utiliza as propriedades de modulação da luz dos cristais líquidos (LC). Os cristais líquidos não emitem luz diretamente. São utilizados numa vasta gama de aplicações, incluindo: monitores de computador, televisão, painéis de instrumentos, ecrãs de cockpit de aviões, sinalização, etc. São comuns em dispositivos de consumo, como leitores de vídeo, dispositivos de jogos, relógios, calculadoras e telefones. Os LCD substituíram os ecrãs de tubo de raios catódicos (CRT) na maioria das aplicações. São normalmente mais compactos, leves, portáteis, menos dispendiosos e mais fiáveis.

4.4 Raspberry Pi

Figura 4.3: Raspberry Pi

O Raspberry Pi acabou de ficar mais sumarento! Agora com um CPU Quad-Core de 64 bits, Wi-Fi Bluetooth! O Raspberry Pi 3 Modelo B é a terceira geração do Raspberry Pi. Este potente computador de placa única do tamanho de um cartão de crédito pode ser utilizado para muitas aplicações e substitui o Raspberry Pi Model+ original e o Raspberry Pi 2 Model mantendo o popular formato de placa, o Raspberry Pi 3Model B traz-lhe um processador mais potente, 10x mais rápido do que o Raspberry Pi de primeira geração. Além disso, acrescenta conetividade LAN sem fios Bluetooth, o que o torna a solução ideal para poderosos projectos ligados.

4.5 Retificador

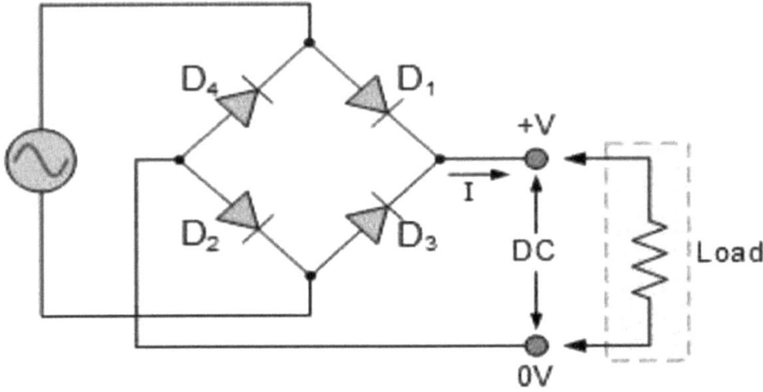

Figura 4.4: Retificador

Uma caraterística dos díodos é que a corrente flui (sentido de avanço) ou não flui (sentido inverso), dependendo do sentido da tensão aplicada. Isto funciona para converter a tensão de corrente alternada (AC) em corrente contínua (DC).

4.6 Regulador

Figura 4.5: Regulador

Regulador de tensão, qualquer dispositivo elétrico ou eletrónico que mantenha a tensão de uma fonte de alimentação dentro de limites aceitáveis. O regulador de tensão é necessário para manter as tensões dentro do intervalo prescrito que pode ser tolerado pelo equipamento elétrico que utiliza essa tensão.

4.7 Lâmpada

Figura 4.6: Lamp

Uma lâmpada eléctrica é um componente emissor de luz convencional utilizado em diferentes circuitos, principalmente para fins de iluminação e indicação. A construção da lâmpada é bastante simples, tem um filamento à volta do qual se encontra uma cobertura esférica de vidro transparente.

então interrompido ou fornecido aos dispositivos. O dispositivo é ligado ou desligado de acordo com a instrução dada. O dispositivo Raspberry processa todas as informações antes de as enviar para o dispositivo. Há também um sinal sonoro ligado ao dispositivo. Para o ligar ou desligar, basta dar instruções ao dispositivo de domótica Raspberry Pi através do microfone. O Raspberry Pi mostra o estado inicial no LCD e o estado completo à medida que a instrução é processada e concluída.

4.10 Fluxograma

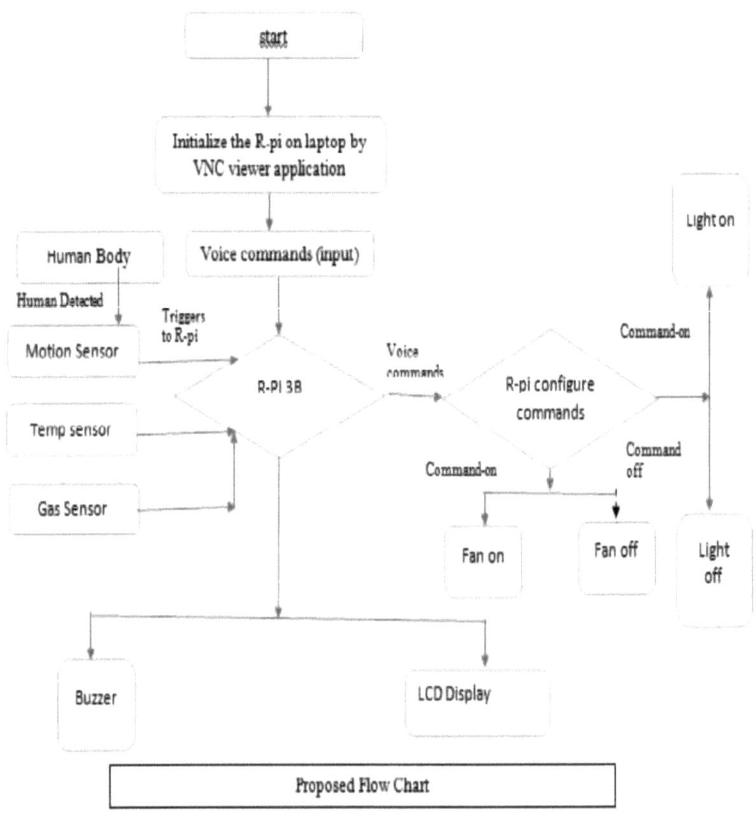

Figura 4.9: Fluxograma

CODE

```
import RPi.GPIO as GPIO
import bluetooth

Light = 13
Fan = 19
TV = 26
GPIO.setmode(GPIO.BCM)
GPIO.setup(Light, GPIO.OUT)
GPIO.setup(Fan, GPIO.OUT)
GPIO.setup(Tv, GPIO.OUT)
GPIO.output(Light, 0)
GPIO.output(Fan, 0)
GPIO.output(TV, 0)
server_socket = bluetooth.BluetoothSocket(bluetooth.RFCOMM)
port = 1
server_socket.bind(("", port))
server_socket.listen(1)

client_socket, address = server_socket.accept()
print
"Accepted connection from ", address


def Light_ON():
    GPIO.output(Light, 1)
```

```
def Light_ON():
     GPIO.output(Light, 1)


def Light_OFF():
     GPIO.output(Light, 0)


def Fan_ON():
     print
     "FAN ON"
     GPIO.output(Fan, 1)


def Fan_OFF():
     GPIO.output(Fan, 0)


def Tv_ON():
     GPIO.output(Tv, 1)


def Tv_OFF():
     GPIO.output(Tv, 0)


def ALL_ON():
     GPIO.output(Light, 1)
     GPIO.output(Fan, 1)
     GPIO.output(Tv, 1)
```

```
data = ""
while 1:
    data = client_socket.recv(1024)
    print
    "Received: %s" % data
    if (data == "A"):
        Light_ON()
    elif (data == "B"):
        Light_OFF()
    elif (data == "C"):
        print
        "C.........."
        Fan_ON()
    elif (data == "D"):
        Fan_OFF()
    elif (data == "E"):
        Tv_ON()
    elif (data == "F"):
        Tv_OFF()
    elif data == "G":
        ALL_ON()
    elif (data == "H"):
        ALL_OFF()
client_socket.close()
server_socket.close()
```

Capítulo 5
Implementação

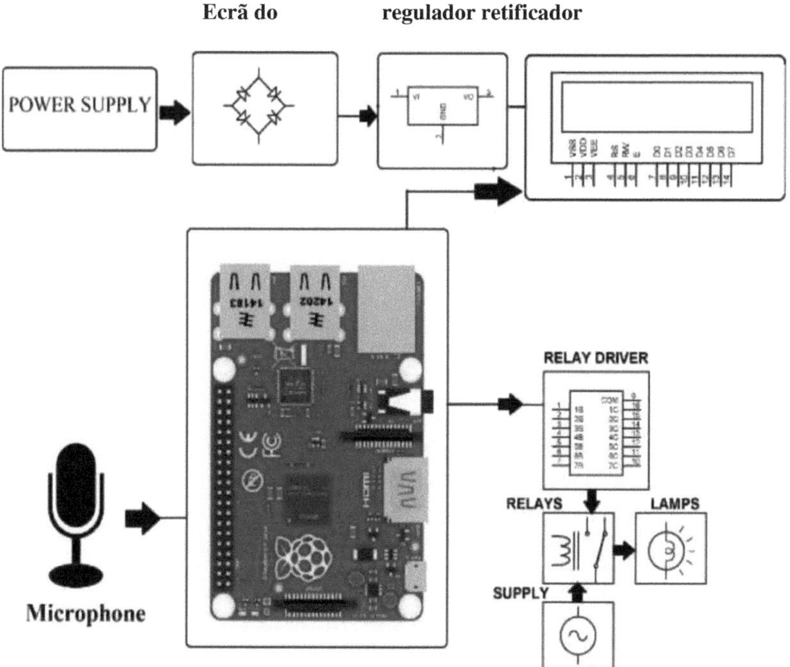

Figura 5.1: Diagrama do circuito

A domótica controlada por voz utilizando o Raspberry Pi é um sistema que possui um microfone para ouvir as suas instruções auditivas. O dispositivo Raspberry também tem 4 relés. Estes relés são os interruptores que podem abrir ou fechar o circuito eletronicamente com a sua própria corrente. Tudo isto, o microfone, o LCD (monitor) e os 4 relés encontram-se num dos lados do dispositivo Raspberry. Do outro lado, vê os 4 dispositivos diferentes ligados ao dispositivo Raspberry. Tem também uma campainha que pode ser considerada como o quinto dispositivo. Os dispositivos que podem ser ligados ao Raspberry Piare são uma ventoinha, uma lâmpada e quaisquer outras duas máquinas. Funciona de forma a que o microfone ouça todas as palavras-chave necessárias que estão armazenadas no dispositivo Raspberry. Assim que a instrução de voz passa pelo microfone, o dispositivo Raspberry faz o processamento e mostra o estado no LCD. E de acordo com a instrução, o dispositivo Raspberry encaminha os comandos para o relé para fechar ou abrir o circuito, o dispositivo é ligado de acordo com a instrução dada. O dispositivo raspberry processa toda a informação antes de a enviar para o dispositivo. Há também uma campainha que está ligada a ele. Para o ligar ou desligar, basta dar instruções ao dispositivo de automação Raspberry Pihome através do microfone. O Raspberry Pi mostra o estado inicial no ecrã LCD e o estado completo à medida que a instrução é processada e concluída.

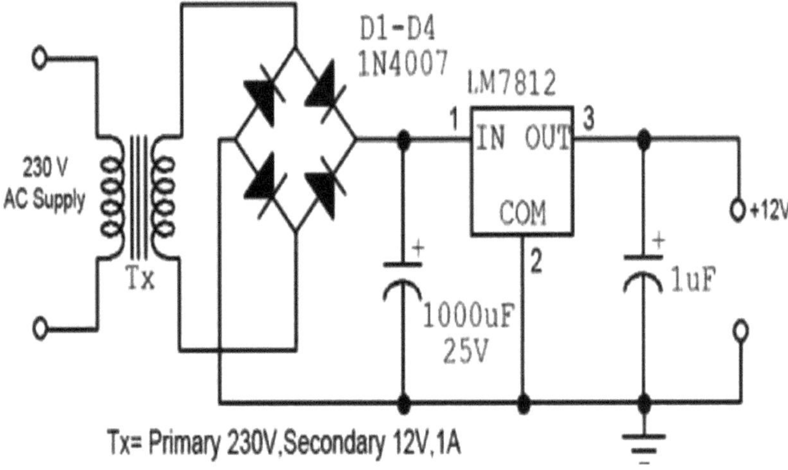

Transformador abaixador www.circuitstune.com

Figura 5.2: Retificador

Aqui este diagrama de circuito é para uma fonte de alimentação DC regulada (tensão fixa) de +12V. Este diagrama de circuito de fonte de alimentação é ideal para um requisito de corrente média de 1Amp. Este circuito é baseado no IC LM7812. É um IC regulador de tensão de 3 terminais (+ve). Tem proteção contra curto-circuito e proteção contra sobrecarga térmica.

O IC LM7812 é da série LM78XX. O IC da série LM78XX é um IC regulador de tensão positivo para diferentes requisitos de tensão, por exemplo, o IC LM7805 é feito para tensão de saída fixa de 5 volts. Existe uma série LM79XX IC para tensão negativa. É utilizado um transformador (Tx=Primário 230Volt, Secundário 12 Volt, transformador abaixador de 1Amp) para converter 230V em 12V da rede eléctrica. Aqui é utilizado um retificador em ponte composto por quatro díodos 1N4007 ou 1N4003 para converter AC em DC. O condensador de filtragem 1000uF, 25V é utilizado para reduzir a ondulação e obter uma tensão DC suave. Este circuito é muito fácil de construir. Para um bom desempenho, a tensão de entrada deve ser superior a 12Volt no pino-1 do IC LM7812. Utilizar um dissipador de calor para o IC LM7812 para evitar o seu sobreaquecimento.

Os rectificadores em ponte são circuitos que convertem corrente alternada (CA) em corrente contínua (CC) utilizando díodos dispostos na configuração de circuito em ponte. Os rectificadores em ponte são normalmente constituídos por quatro ou mais díodos. A onda de saída gerada tem a mesma polaridade, independentemente da polaridade da entrada. A figura 5.1 mostra um retificador em ponte deste tipo, composto por quatro díodos D1, D2, D3 e D4, em que a entrada é fornecida através de dois terminais A e B na figura, enquanto a saída é recolhida através da resistência de carga RL ligada entre os terminais C e D.

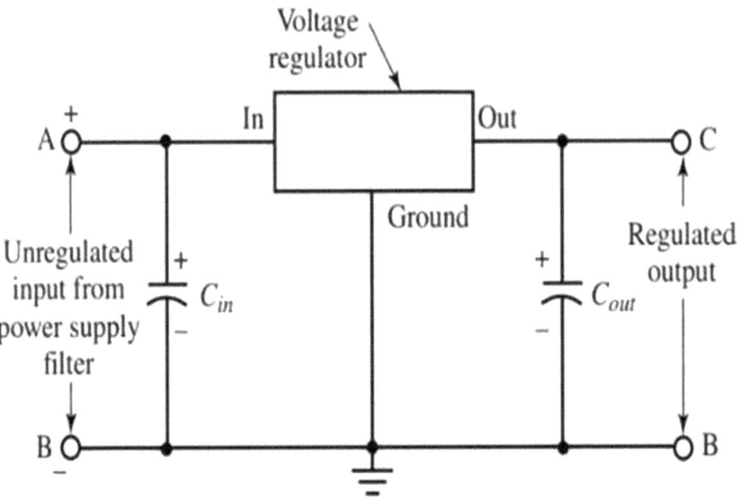

Figura 5.3: Regulador

Um regulador de tensão gera uma tensão de saída fixa de uma magnitude predefinida que permanece constante independentemente das alterações da tensão de entrada ou das condições de carga. Um regulador de comutação converte a tensão de entrada CC numa tensão comutada aplicada a um interrutor MOSFET ou BJT de potência Os reguladores de tensão (VR) mantêm as tensões de uma fonte de alimentação dentro de um intervalo compatível com os outros componentes eléctricos. Embora os reguladores de tensão sejam mais frequentemente utilizados para conversão de energia DC/DC, alguns podem também efetuar conversão de energia AC/AC ou AC/DC. Este artigo centrar-se-á nos reguladores de tensão DC/DC.

LCD1

LM016L

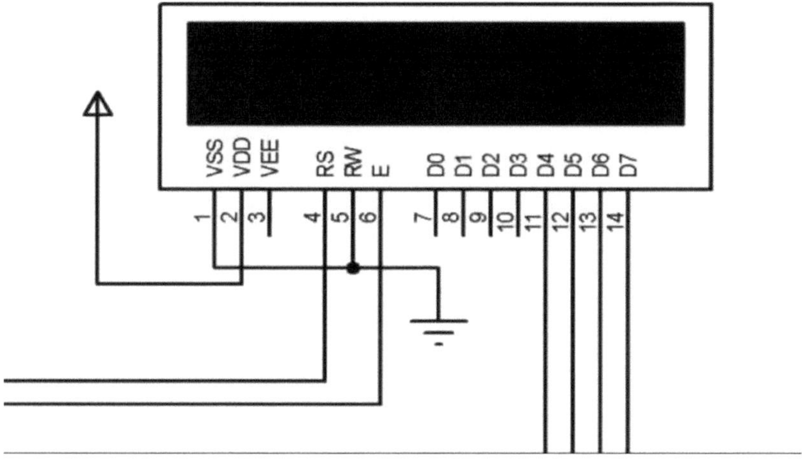

Figura 5.4: Disposição do LCD

A pinagem do LCD 16*2 é apresentada abaixo. Pino1 (Pino terra/fonte): Este é um pino GND do ecrã, utilizado para ligar o terminal GND da unidade do microcontrolador ou da fonte de alimentação. Pino2 (VCC/Pino da fonte): Este é o pino de alimentação de tensão do ecrã, utilizado para ligar o pino de alimentação da fonte de alimentação. Pino3 (V0/VEE/Pino de controlo): Este pino regula a diferença do ecrã, utilizado para ligar um POT variável que pode fornecer 0 a 5V. Pino4 (Pino de controlo/seleção de registo): Este pino alterna entre o registo de comando ou de dados, utilizado para ligar um pino da unidade do microcontrolador e obtém 0 ou 1 (0 = modo de dados e 1 = modo de comando). Pino5 (leitura/escrita/pino de controlo): Este pino alterna o ecrã entre a operação de leitura ou escrita, e está ligado a um pino da unidade do microcontrolador para obter 0 ou 1 (0 = operação de escrita, e 1 = operação de leitura). Pino 6 (Pino de ativação/controlo): Este pino deve ser mantido alto para executar o processo de leitura/escrita, e está ligado à unidade do microcontrolador constantemente mantido alto. Pinos

7-14 (Pinos de dados): Estes pinos são utilizados para enviar dados para o ecrã. Estes pinos são ligados em modos de dois fios, como o modo de 4 fios e o modo de 8 fios. No modo de 4 fios, apenas quatro pinos estão ligados à unidade do microcontrolador, como 0 a 3, enquanto no modo de 8 fios, 8 pinos estão ligados à unidade do microcontrolador, como 0 a 7. Pino15 (pino +ve do LED): Este pino está ligado a +5V. Pino 16 (pino -ve doLED): Este pino está ligado ao GND.

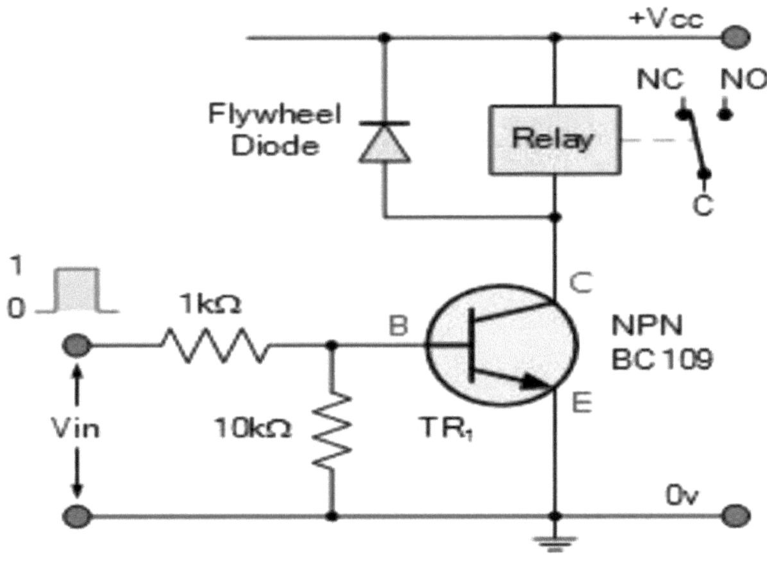

Figura 5.5: Circuito de relé

Os relés são interruptores eléctricos que utilizam o eletromagnetismo para converter pequenos estímulos eléctricos em correntes maiores. Estas conversões ocorrem quando as entradas eléctricas activam electroímanes para formar ou interromper circuitos existentes.

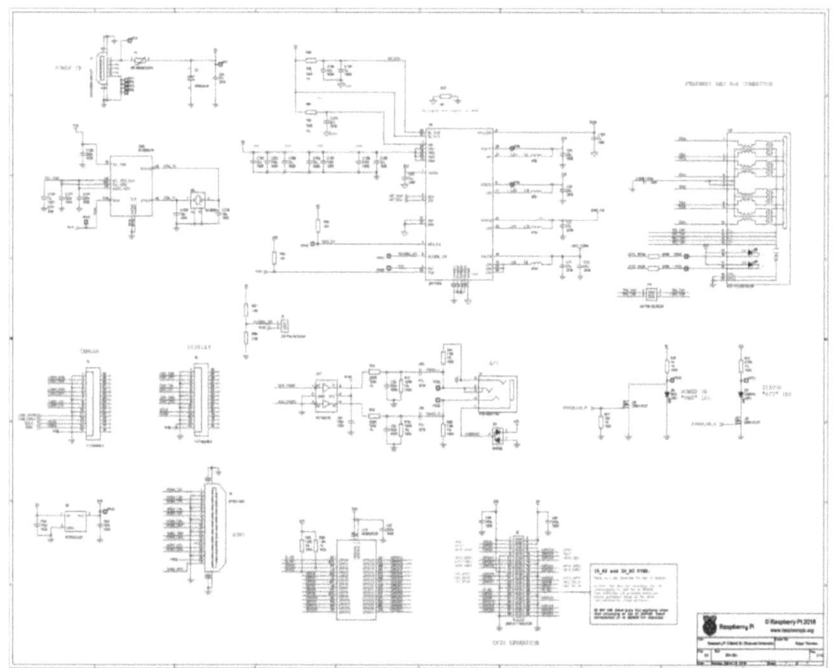

Agora com um CPU Quad-Core 64bit, Wi-Fi Bluetooth! O Raspberry Pi 3 Modelo B é a terceira geração do Raspberry Pi. Este potente computador de placa única do tamanho de um cartão de crédito pode ser utilizado para muitas aplicações e substitui o Raspberry Pi Model+ original e o Raspberry Pi 2 Model, mantendo o popular formato de placa, o Raspberry Pi 3Model B traz-lhe um processador mais potente, 10 vezes mais rápido do que o Raspberry Pi de primeira geração. Além disso, acrescenta conetividade LAN sem fios Bluetooth, tornando-o na solução ideal para poderosos projectos ligados.

CPU/GPU ARM Este é um sistema num chip (SoC) Broad-com BCM2836 que é composto por uma unidade de processamento central ARM (CPU) e uma unidade de processamento gráfico Videocore 4 (GPU). A CPU trata de todos os cálculos que fazem um computador funcionar (receber dados, efetuar cálculos e produzir resultados) e a GPU trata dos resultados gráficos. GPIO Estes são pontos de ligação de entrada/saída de uso geral expostos que permitirão aos verdadeiros entusiastas de hardware a oportunidade de mexer. RCA Uma tomada RCA permite a ligação de televisores analógicos e outros dispositivos de saída semelhantes. Saída de áudio Esta é uma tomada padrão de 3,55 milímetros para ligação de dispositivos de saída de áudio, como auscultadores ou altifalantes. Não existe entrada de áudio. USB Esta é uma porta de ligação comum para dispositivos periféricos de todos os tipos (incluindo o rato e o teclado). O modelo A tem uma e o modelo B tem duas. Pode utilizar um hub USB para expandir o número de portas ou ligar o rato ao teclado, se este tiver a sua própria porta USB. HDMEste conetor permite-lhe ligar um televisor de alta definição ou outro dispositivo compatível utilizando um cabo HDMI.

A fonte de alimentação é um conetor de alimentação Micro USB de 5v no qual pode ligar a sua fonte de alimentação compatível. Ranhura para cartões SD Esta é uma ranhura para cartões SD de tamanho normal. É necessário um cartão SD com um sistema operativo (SO) instalado para arrancar o dispositivo. Estes estão disponíveis para compra nos fabricantes, mas também pode descarregar um SO e guardá-lo no cartão se tiver uma máquina Linux e os meios necessários. Ethernet Este conetor permite o acesso à rede com fios e só está disponível no Modelo B. Vamos configurar o Raspberry Pi : Em primeiro lugar, arrancar um cartão micro SD com o sistema operativo Raspbian (ou qualquer outro conforme a compatibilidade). Aqui está o link! Agora seu cartão SD tem o sistema operacional dentro dele. Ligue o Pi com o adaptador de 5V. Ligar a Pi ao ambiente de trabalho com o cabo HDMI. Agora o vosso ambiente de trabalho vai transformar-se num Raspberry PC e podemos aceder ao Raspbian OS.

5.1 Esquema **da placa de circuito impresso**

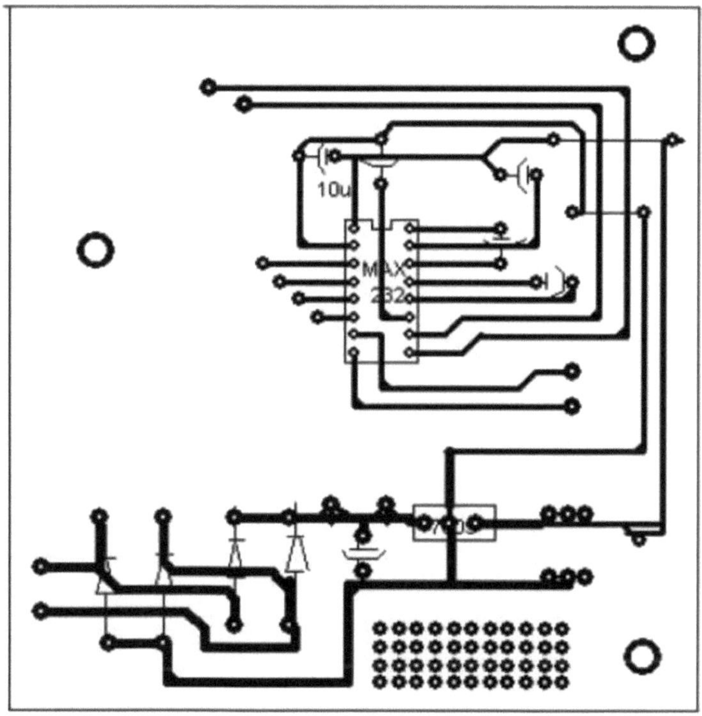

Figura 5.5: Esquema da placa

de circuito impresso1

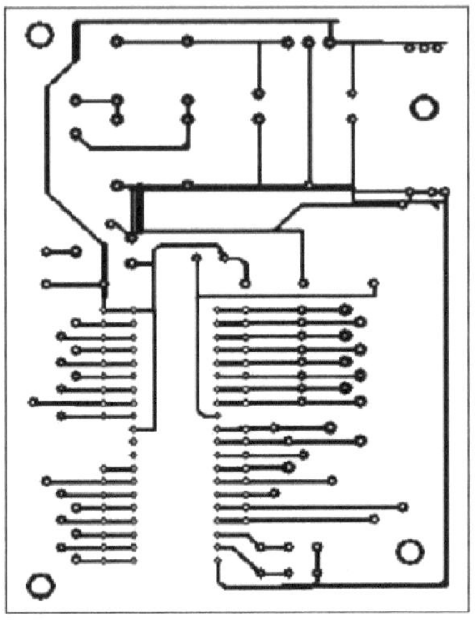

Figura 5.6: Esquema da placa de circuito impresso2

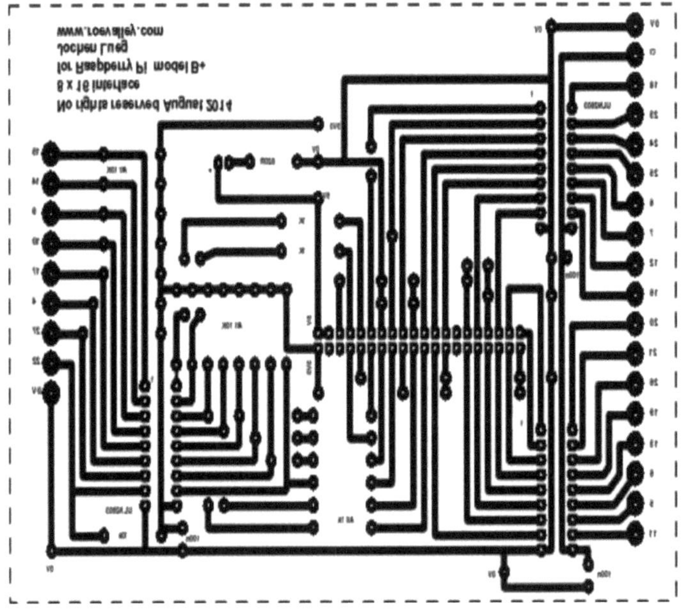

Figura 5.7: Esquema da placa de circuito impresso3

5.1.1 Fabrico de PCB

As placas de circuito impresso são extremamente utilizadas para a montagem de componentes electrónicos com fios impressos num material isolante. Se observarmos a montagem de componentes em equipamentos electrónicos antigos. Verificamos que é mais complicado. Os componentes são ligados por cabos rígidos. Vantagens do PCB Agora, este método de cablagem rígida foi totalmente substituído por uma nova tecnologia de cablagem impressa, que são as placas de circuito impresso. Os PCBs são preferidos em relação à fiação rígida devido às seguintes vantagens: 1. Todos os fios são substituídos por cobre impresso, pelo que o circuito requer um tamanho muito pequeno. / A montagem uniforme de componentes é possível, o que é mais adequado na produção em massa de equipamentos 3. A manutenção da placa torna-se mais fácil. 4. A utilização de uma placa de dupla face ou de uma placa multijogadores permite a montagem de um número de componentes de dupla face. 5. Salvando a montagem do item de impactação. 6. Baixo custo de produção porque um layout para um circuito é projetado grande não. De PCBs pode ser preparado. 7. Fácil de soldar e dessoldar os componentes.

5.1.2 Passos para o fabrico de PCB

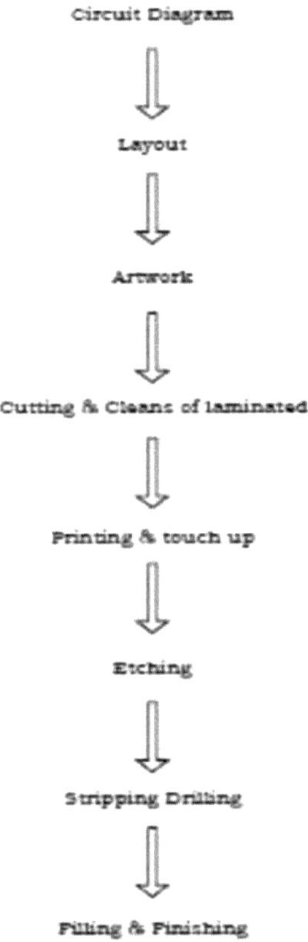

Figura 5.8: Etapas de fabrico

Capítulo 6
Resultados dos testes

A domótica controlada por voz utilizando o raspberry pi é um sistema que possui um microfone para ouvir as suas instruções auditivas. Juntamente com o microfone, existe um monitor que reflecte o estado do dispositivo. O dispositivo raspberry também tem 4 relés. Estes relés são os interruptores que podem abrir ou fechar o circuito eletronicamente com o fluxo de corrente. Tudo isto, o microfone, o ecrã LCD (monitor) e os 4 relés encontram-se num dos lados do dispositivo Framboesa. Do outro lado, vê os 4 dispositivos diferentes ligados ao dispositivo Framboesa. Tem também uma campainha que pode ser considerada como o quinto dispositivo. Os dispositivos que podem ser ligados ao Raspberry Pi são uma ventoinha, uma lâmpada, etc.

Figura 6.1: Resultado do teste

Capítulo 7

Resultados esperados

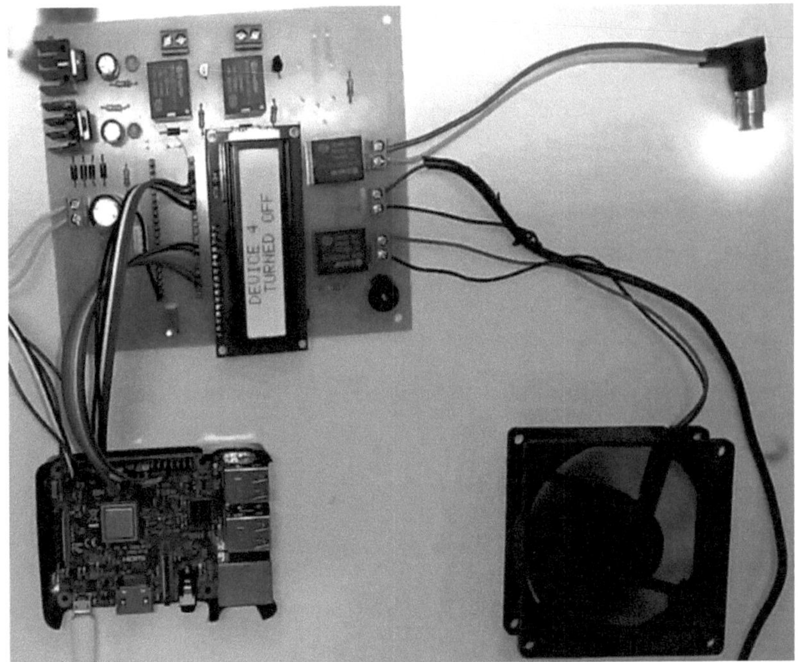

Figura 7.1: Fig Mostrar resultado esperado

A domótica controlada por voz utilizando o raspberry pi é um sistema que possui um microfone para ouvir as suas instruções auditivas. Juntamente com o microfone, existe um monitor que reflecte o estado do dispositivo. O dispositivo raspberry também tem 4 relés. Estes relés são os interruptores que podem abrir ou fechar o circuito eletronicamente com o fluxo de corrente. Tudo isto, o microfone, o ecrã LCD (monitor) e os 4 relés encontram-se num dos lados do dispositivo Framboesa. Do outro lado, vê os 4 dispositivos diferentes ligados ao dispositivo Framboesa. Tem também um sinal sonoro que pode ser considerado como o quinto dispositivo. Os dispositivos que podem ser ligados ao Raspberry Pi são uma ventoinha, uma lâmpada e quaisquer outras duas máquinas. Funciona de forma a que o microfone ouça todas as palavras-chave necessárias que estão armazenadas no dispositivo Raspberry. Assim que a instrução de voz passa pelo microfone, o dispositivo raspberry faz o processamento e mostra o estado no ecrã LCD. E de acordo com a instrução, o dispositivo raspberry encaminha os comandos para o relé para fechar ou abrir o circuito. O fluxo de corrente é então interrompido ou fornecido aos dispositivos. O dispositivo é ligado ou desligado de acordo com a instrução dada. O dispositivo Framboesa processa toda a informação antes de a enviar para o dispositivo. Há também um sinal sonoro que está ligado ao dispositivo. Pode ligá-lo ou desligá-lo apenas dando instruções ao dispositivo de domótica Raspberry Pi através do microfone. O Raspberry Pi mostra o estado inicial no ecrã LCD e o estado completo à medida que a instrução é processada e concluída.

Capítulo 8
Conclusão e âmbito futuro

8.1 Conclusão

Estes tipos de estruturas de automação doméstica são necessários na situação em que o ser humano se esqueceu de desligar os electrodomésticos quando não há utilização. Desta forma, são úteis para controlar os nossos electrodomésticos através do nosso telefone inteligente a partir de qualquer lugar e a qualquer momento e, portanto, também é útil para reduzir as contas de eletricidade indesejadas, bem como aumenta a vida útil dos nossos aparelhos, uma vez que são utilizados apenas quando são necessários.

8.2 Âmbito futuro

O futuro da domótica é muito vasto. No futuro, podemos acrescentar muitas mais funcionalidades novas para o tornar mais eficiente e satisfazer as necessidades dos utilizadores. Algumas características são apresentadas de seguida. 1. O sistema de segurança doméstica passa a ser sem fios 2. Pode ser acionado através de comando de voz 3. Sensores de temperatura 4. O utilizador pode adicionar novos aparelhos por si próprio numa determinada interface sem qualquer apoio externo.

Referências

[1] P. Raghupathy, S. Nagaraj, "Automação residencial controlada por fala usando Raspberry Pi com assistência por voz do Google", Jornal Internacional de Tecnologia e Engenharia Recentes (IJRTE) ISSN: 2277-3878, Volume-8, Edição-2S11, setembro de 2019

[2] Rohit Jaykar, Shraddha Chobe, Tejshree Kamegaonkar, Varsha Surwase, "Sistema de automatização doméstica por controlo de voz utilizando Raspberry Pi", Revista Internacional de Investigação de Modernização em Engenharia, Tecnologia e Ciência, Volume:04/Insumo:05/maio-2022 Fator de Impacto- 6.752

[3] Jaipriya S, Adharsh A, Gokul J, Kabilan K, "IoT-Based Home Automation Using Multilanguage Voice Controller", International Journal of Novel Research and Development, Volume 8, Issue 3 March 2023 , ISSN: 2456-4184.

[4] M.Pavithra, Shaik Fahad, Mopireddygari Mahesh Kumar Reddy, Devarasetty Venkata Sree Charan, Prof. Roshan Zameer Ahmed, "Voice-Assistant based Home Automation System using Raspberry Pi" International Research Journal of Engineering and Technology (IRJET) , e-ISSN: 2395-0056, Volume: 07 Issue: 05, May 2020.

[5] B. Swathi, , J. Valentine Arockiya Naveena, "Automação residencial controlada por voz usando Raspberry Pi 3" Jornal de Tecnologias Emergentes e Pesquisa Inovadora, Volume 6, Edição 5 maio 2019.

[6] Harshada Rajput , Karuna Sawant , Dipika Shetty , Punit Shukla , Prof. Amit Chougule, Sistema de automação residencial baseado em voz usando Raspberry Pi , Departamento de Engenharia da Computação, G.V. Acharya Institute of Engineering and Technology, Mumbai University, Mumbai, 400098, Maharashtra, Índia. Revista Internacional de Investigação em Engenharia e Tecnologia (IRJET) Volume: 05 Edição: 04 - Abr-2018.

[7] Sonali Sen, Shamik Chakrabarty, Raghav Toshniwal, Ankita Bhaumik, Design of an Intelligent Voice Controlled Home Automation System, Department of Computer Science St. Xaviers College, Kolkata International Journal of Computer Applications (0975 8887) Volume 121 No.15, julho de 2015.

[8] Anurag Pandey1, Umesh Mishra2, Akash Chaubey3, Automação Doméstica Controlada por Voz BE CMPN, Departamento de Engenharia Informática, Faculdade de Engenharia Shree L.R. Tiwari, Mira Road (E), Thane, Maharashtra, Índia . Revista Internacional de Investigação em Engenharia Científica Edição Especial 7-ICEMTE março de 2017.

[9] Mukesh Kumar, Shimi S.L, Sistema de automatização doméstica baseado no reconhecimento de voz para pessoas com paralisia International Journal of Advanced Research in Electronics and Communication Engineering (IJARECE).

[10] Al-Ali, Al-Rousan, Java based home automation system, IEEE transaction on consumer electronics, vol.50, no2, pp.498-504, maio de 2004.

[11] R. A. Ramlee, M. H. Leong, R. S. S. Singh, M. M. Ismail, M. A. Othman, H. A. Sulaiman, et al., "Bluetooth remote Home Automation System Using Android Application," The International Journal of Engineering And Science, vol. 2, pp. 149-153, 11, janeiro de 2013.

[12] Dhiraj sunehra, M.Veena, Implementação de sistemas interactivos de domótica baseados nas tecnologias de correio eletrónico e Bluetooth, Conferência Internacional sobre Processamento de Informação 2015, Instituto de Tecnologia Vishwakarma, 1619 de dezembro de 2015

[13] Kumar Mandula et.al, Mobile based Home Automation using Internet of Things (IoT), 2015 International Conference on Control Instrumentation, Communication and Computational Technologies (ICCICCT), 2015.

[14] Ravi Kishore Kodali, Vishal Jain, Suvadeep Bose e Lakshmi Boppana (2016), Sistema de Segurança Inteligente e Automação Doméstica baseado na IoT. Conferência Internacional sobre Computação, Comunicação e Automação, 12861289.

[15] N Sriskanthan, F. Tan e A. Karande, "Bluetooth based home automation system", Microprocessors and Microsystems, Vol. 26, n.º 6, pp. 281-289, 2002. Ravi Kishore kodali e Vishal jain Segurança inteligente baseada em IOT e sistema de automação doméstica Conferência internacional sobre computação, comunicação e automação (ICCCA 2016)

[16] Nazmul Hasan et.al ,Conceção e implementação de um sistema de automação doméstica baseado em ecrã tátil e controlo remoto, 2013 2ª Conferência Internacional sobre Avanços em Engenharia Eléctrica, 2013

[17] B.P Kulkarni IoT Based Home Automation Using Raspberry PI, Departamento de Engenharia Eletrónica e de Telecomunicações, P.V.P. Institute of Technology, Budhgaon, Sangli, Maharashtra, Índia.

Printed by Books on Demand GmbH, Norderstedt / Germany